花を旅して

臼井英治

吉備人出版

もくじ◉花を旅して

神秘的な赤　霊木の群生林

山口・萩

ツバキ

少し明るくなった日差しに、庭のツバキが咲き始めた。いち早くそれを察してメジロなどの小鳥が蜜を吸いにやって来る。

ツバキは日本の照葉樹林を代表する木の一つで、古来日本人の生活に身近な木であった。

古くは霊力のある木、神聖な木と信じられており、『日本書紀』景行天皇の条には、九州平定の時、ツバキで作った槌《つち》で敵を征伐したことが記されている。

また『古事記』の仁徳天皇や雄略天皇の条には、天皇を「斎《ゆ》つ真椿《まつばき》」すなわち神聖なツバキになぞらえて、その葉のようにおおらかで、その花のように輝いている、と寿《ことほ》ぐ歌がみえている。

さらにツバキの種子から採れるツバキ油は不老長寿の霊薬とされており、『続日本紀』によると、宝亀7年（776年）大陸から来朝した渤海使一行は、帰国の際にツバキ油一缶を所望して持ち帰ったという。

笠山椿群生林の小道。赤い花が落ちている

ツバキが霊木とされたのは、常緑の艶やかな葉を茂らせ、春に先がけて花を咲かせる生命力に畏敬の念を抱いたからであろう。

暖地性のツバキは、日本各地の海岸沿いを中心に自生が見られる。山口県萩市の笠山椿群生林もその一つで、日本海に突き出した日本一小さい火山、笠山北端の虎ケ崎に2万5千本が自生する。花期には少し早かったが、1月中旬、暖かい日を選んで萩へ向かった。

萩は、幕末から明治維新にかけて日本を動かした高杉晋作、木戸孝允など吉田松陰門下から多くの人材を輩出した所。世界遺産になっている城下町は、彼らの旧宅や誕生地などゆかりの場所が点在しており、白壁となまこ壁の土蔵、塀からのぞくナツミカンなどが往時の面影を今に伝えている。

現在は石垣のみを残す萩城は毛利輝元が築城し、250年余り萩藩の拠点であった。藩は城の北東に位置する笠山を鬼門に当たるとして「止め山」に指定。樹木の伐採が禁止されたため、手つかずの豊かな自然が残されることとなった。

明治になって禁が解かれ、樹木は用材や薪炭用に伐採が繰り返されたが、ツバキは切り株から新しい芽が次々伸びて株立ちとなり、これを昭和40年代からツバキ林として整備したという。

笠山に咲くツバキ

群生林に入ると、すべすべした幹のツバキが林立してトンネルを作り、奥へと続く。黒い溶岩で縁どられた小道に点々と落ちた赤い花が、木もれ日に映えて美しい。見上げるような大きな木々で樹上の花は見えにくい。毎年2月中旬から3月下旬に開催される「萩・椿まつり」の期間中は大勢の人出でにぎわうようだが、その前だったため、木々の間を飛び交う鳥の声ばかりが響く静かな時間を楽しんだ。

しばらく行くと地上13メートルという展望台があり、最上階まで登ってみると遠くに真っ青な日本海が望めた。下から見えなかった花が手の届く所にあり、ぐるり見渡せば360度ツバキの樹冠。きらきらとまぶしいほどに光る濃緑の葉は、「ツバキ」の語源説の一つ「艶葉木《つやばき》」の妥当性を確信させるに十分である。その葉叢《はむら》の中に見え隠れする赤い花も、どこか神秘的に見える。鳥の目線の高さで一面のツバキを眺めていると、ふっと大昔の世界に迷い込んだような気がした。

色鮮やか　優しい香りの花畑

東京・八丈島

フリージア

　東京からはるか南の太平洋上に浮かぶ八丈島。かつては「鳥も通わぬ」といわれたこの島は、関ケ原の合戦で敗れた備前岡山の大名宇喜多秀家が流罪となったことでも知られる。

　今は羽田から飛行機で1時間足らず。自然に恵まれた南の島は一年中美しい花に彩られるが、ことに春のフリージアは八丈島を代表する花である。毎年3月下旬から4月初めにかけて「フリージアまつり」が開催され、フリージアの花摘みなど多くのイベントが行われている。

　このまつりを目がけ、私は3月下旬の八丈島に降り立った。空港を出ると、切り立った斜面に植栽されたアロエ群、道路の両側には整然と続くヤシの並木。南国の日差しが青い海に眩《まぶ》しかった。

　メイン会場のフリージア畑は八丈富士の山裾に広がる。咲き誇る花は黄、紫、白、赤、ピンクと帯状

八丈富士を背景に広がるフリージア畑

に連なり、色鮮やかな縞《しま》模様の絨毯《じゅうたん》を敷きつめたようである。その背景には八丈富士が秀麗な山容を見せている。広々とした花畑の中で、優しい香りに包まれての花摘み体験は、心躍るものであった。

フリージアの原産地は南アフリカ南部のケープ地方で、海に近い丘陵や原野に原種の自生が見られる。18世紀後半にヨーロッパにもたらされるや、その芳香によって瞬く間に人気を呼んだ。直角に折れ曲がった細い花茎に数個の花が一列に並ぶ愛らしい姿も好まれたようだ。当時の代表種は黄色系であったが、19世紀以降赤紫系の原種も導入されて、オランダやイギリスで育種が進み、多くの色彩豊かな園芸品種が生まれた。

日本へは明治の後半にオランダから渡来したといわれ、花姿がスイセンに似ているところから「浅黄水仙」とも呼ばれた。八丈島では大正初期から栽培が始まり、昭和になって本格化した。戦後はますます盛んとなり、特に一人の篤農家が初めて導入した大輪、鮮黄色の「ゴールデンイエロー」は、生育旺盛でどんどん増殖された。これはフリージアの代表品種として全国的に普及。一大産地となった八丈島は、最盛期は全国生産の7割を占めるに至った。「フリージアまつり」が始まったのも、その黄金時代の昭和42（1967）年である。

　その後品種が増え、花も大型化したものの、産地間の競争や海外からの球根輸入の自由化などにより、現在はフリージア生産は大幅に減少した。けれども、八丈島の3月は、やはりフリージアの香りに包まれている。郷土料理の島寿司《ずし》の店にも、黄八丈の織元にも、伝統芸能の樫立《かしたて》踊りや八丈太鼓の舞台にも、たくさんのフリージアが飾られていた。玉石垣が囲む宇喜多秀家の墓所に供えられた黄色のフリージアは、苔むした墓石との対比でことに明るく見えた。

宇喜多秀家（左）と豪姫の座像

　旅の最後に訪ねたのは島の西側、南原千畳岩の海岸。ここには秀家と妻の豪姫の座像がある。妻と引き離されたまま絶海の孤島で50年を過ごした秀家を偲《しの》び、島の人々によって岡山城築城400年の年に建立された。ようやく2人は揃《そろ》って、仲良く岡山の方角を眺めているのだとか。今なお秀家に心を寄せる人々の人情にふれ、この温かさが秀家の救いだったのかもしれないと思った。

フリージアの花

渡来100年　日米友好の証し

東京・千代田区

ハナミズキ

爛漫《らんまん》に咲き誇ったサクラが終わる頃、入れ替わるようにハナミズキが一斉に開き始める。無数の枝先に付いた白やピンクの花は、陽光に映えて明るく愛らしい。もっとも、4枚の花弁に見えるのは総苞片《そうほうへん》で、花は中央部に集まった黄緑色の粒々の部分である。

原産は北アメリカ大陸の東部。東部諸州では特に親しまれている花で、バージニア州やノースカロライナ州の州花になっている。英名のドッグウッドは、この樹皮の煎じ汁を犬の皮膚病の治療に用いたことに由来するという。

ハナミズキは、わが国ではアメリカヤマボウシとも呼ばれている。それ

ハナミズキの花

国会前庭のハナミズキ

は、日本に自生する近縁種のヤマボウシとよく似ているからである。大きな相違点は総苞片の形。ハナミズキは丸みを帯びていて先端がへこんでいるが、ヤマボウシは先が尖《とが》っている。開花時期もヤマボウシはハナミズキより1カ月ほど遅い。

ハナミズキのわが国への渡来は新しく、大正時代である。東京市長だった尾崎行雄が、ワシントン市のポトマック河畔にサクラを植えたいというアメリカからの要請に応えて、明治45年にサクラの苗木３千本を寄贈。その返礼として大正４年、白のハナミズキ40本が東京市に贈られたのが最初であった。

日米友好の証しハナミズキは、太平洋戦争後、再びアメリカから寄贈されることになった。「憲政の神様」と言われた尾崎行雄の功績を顕彰する「尾崎行雄記念会館」建設の時である。全米からの賜り物として白と薄紅色のハナミズキの苗２５０本が横浜港に届き、昭和35年の会館竣工《しゅんこう》と同時に敷地内に植樹された。

後に「憲政記念館」となったこの建物があるのは、国会議事堂の東に隣接する広大な国会前庭の、洋風庭園のエリアである。

ここを訪ねたのは2013年の4月下旬。議事堂正面の交差点を渡ってすぐ左側の洋風庭園に入ると、都心とは思えないような静かな空間が広がる。晴れやかな空の下、木々のまぶしいほどの緑の中に真っ白なハナミズキが浮かぶように咲き満ちていた。所々に薄紅色のものもある。枝越しに見えるのは、高さ30メートル余りもある憲政記念館時計塔。三角塔のデザインは三権分立を象徴したものだという。たくさんのハナミズキを眺めて時計塔前の噴水池や花壇を巡り、庭園の奥にある憲政記念館へと歩く。

薄紅色のハナミズキと
憲政記念館の時計塔

館内へ入ると、まず帽子を手に取って挨拶する尾崎行雄の銅像が迎えてくれた。数々の資料が展示されている中、目を引いたのはハナミズキの巨大な原木の切り株。説明文によると、大正4年に贈られた原木のうちの1本で、小石川植物園に植えられていたのが、平成2年に台風で枯死したものということだった。

ハナミズキが初めて渡来してから100年余り。今は日本にしっかり定着して春を彩る庭木、街路樹として人気の高い花木となっている。全米桜祭りが催されるなど、ポトマック河畔がサクラの名所となっていることを考え合わせても、まさに「花に国境なし」。先人たちが花に託した友好と平和への願いを今、改めて振り返りたいと思う。

（憲政記念館は建て替えのため、現在代替施設開館）

歌枕の地を優美に彩る

愛知・八橋

カキツバタ

から衣　きつつなれにし　つましあれば
はるばる来ぬる　たびをしぞ思ふ

　平安時代の歌物語『伊勢物語』の有名な「東下り」の段にみえる歌である。物語の主人公の男（在原業平がモデルとされる）は、東国に居住できる所を求めて都を離れ、友人らとともに東へ向かって旅に出る。道中、三河の国八橋まで来ると、沢辺にカキツバタがたいそう美しく咲いていた。それを見て一行の一人が「かきつばた」という五文字を句の頭に置いて旅の心を詠め、と言い出したので、業平はこの歌を詠んだのである。都に残してきた妻をしのび、遠くまで来た旅が悲しく思われるという意味の歌に、人々はみな感じ入って弁当の乾飯の上に涙をこぼし、乾飯はほとびてしまったという。

　八橋という地名は、川の流れが八方に分かれているので橋を八つ渡したことからきたといわれている

無量寿寺の八橋かきつばた園

が、『伊勢物語』以来、カキツバタと八橋の組み合わせが定着した。それは今日まで美術工芸や、日本式庭園に生かされている。

歌枕の地三河の国八橋は、現在の愛知県知立市。在原業平ゆかりの史跡の残る無量寿寺には、「八橋かきつばた園」があり、毎年4月下旬から5月下旬にかけて「史跡八橋かきつばたまつり」が催されている。

名鉄三河八橋駅で電車を降り、5分ほど歩くと無量寿寺に着く。入口の「八橋旧跡」の石碑を見て中に入ると、庭園のいくつもの池に約3万本というカキツバタがみごとに咲き競っていた。初夏の光と風の中、すらりと伸びた明るい緑の葉に優美な花が映えて、目にも爽やかである。その間を縫うように渡された木の八橋を通ると、水面に揺れる花影もまた風情がある。その気品ある姿はどこか端麗な女性を思わせるようでもあった。

カキツバタは池沼や水辺に生えるわが国原産の植

物で、古くから日本人の心をとらえ、その美意識を育ててきた。すでに『万葉集』にも数首が詠まれているが、思いを寄せる女性をカキツバタになぞらえた歌が多く、万葉人の感性が現代人のそれと通うのも面白い。

カキツバタの語源は「書き付け花」で、古くは花汁を摺り付けて衣を紫色に染めていたことによるとされ、『万葉集』にも、カキツバタで染めた衣で盛装して薬狩りの行事に出かけるという、大伴家持の歌がある。

小堤西池のカキツバタ群落

染料として利用されていたとすると、かつてはあちこちの湿地帯にカキツバタの群落があったと思われる。『伊勢物語』の三河の国八橋あたりも、そうした群生地であったのだろう。

その名残をとどめるのが、知立市の西隣、愛知県刈谷市にある小堤西池のカキツバタ群落である。日本三大カキツバタ自生地の一つとして国の天然記念物に指定されている。ここを訪ねたのは、無量寿寺見学の翌朝。ちょうど小雨が上がってしっとりとした空気の中、緑が一面に広がる湿地にカキツバタが群れ咲いていた。その清楚な紫の花は、整った庭園のものとはまた違った素朴な味わいがある。千年前に在原業平が心引かれたカキツバタの風景はこのようであったかと、想像が膨らんだ。

草原一面　無数のピンク

鹿児島・甑島

カノコユリ

日本列島は世界に冠たる野生ユリの王国。ササユリ、ヤマユリ、テッポウユリなど十数種もの魅力的な花が各地に自生している。

　そんな自生種の一つカノコユリは、四国の一部から九州西部に分布が見られる。名前の由来となった濃紅色の鹿の子絞りのような斑点のある花弁が大きく反り返り、上品で華やかな雰囲気を漂わせる。この花は江戸時代末期、シーボルトによってヨーロッパに紹介された。彼が帰国の際に運んだ多くの球根のうち、初めてオランダの植物園で開花したのがカノコユリであった。その美しさは「宝石のルビーのようだ」と絶賛されたという。

　カノコユリの群生地として最も有名なのは鹿児島県の甑島。薩摩半島から洋上約30キロ西に位置する、上甑島、中甑島、下甑島の三島が北から南へと連なる列島である。カノコユリを求めて島へ向かったの

鳥ノ巣山展望所より海峡を望む

は、梅雨の明けた7月下旬であった。

まずは上甑島へ渡るべく串木野新港へ。着岸した「フェリーニューこしき」の白い船体に大きく描かれたピンクのカノコユリの花が「いよいよカノコユリの島へ出発」という旅心をいやでも高めてくれた。

乗船時間は70分ほど。到着した里港の近くを散策すると、里中学校、里小学校の周りにあふれるほど咲くカノコユリが目に入る。集落の一角には玉石垣が整然と並ぶ武家屋敷跡通りがあり、玉石の隙間から花茎を伸ばしたカノコユリがあちこちに咲いていた。風に飛ばされた種子から芽吹いたものであろう。武家屋敷は薩摩藩が島に住まわせた郷士の屋敷で、藩が地方の軍事防衛に配慮していたことがうかがえる。

約4キロにわたる砂州「長目の浜」を見てから南下し、鹿の子大橋を通って中甑島へ。橋の名が示すとおり、その傍らの断崖上にはみごとなカノコユリの群落が遠望できた。ただ、文字通り高嶺の花、見上げるだけで近づくこともできなかった。

さらに南下を続け、中甑島から下甑島へとフェリーで渡る。２０２０年に両島を結ぶ県内最長の甑大橋が架かり、車で通行できるようになったが、私が訪れた当時は交通手段はまだ船のみだった。

港の近く、下甑島の北端にあるのが島を代表するカノコユリの名所、鳥ノ巣山展望所である。海峡を挟んで中甑島を望むその周辺はカノコユリの大群落となっていた。緑の草原の中に咲く無数のカノコユリのピンク、点々と見えるニシノハマカンゾウの黄、真っ青な海と空を背景にすべてがキラキラ輝いている。灯台から海へと続く遊歩道を下って行くと、斜面一帯をおおうカノコユリのほのかに甘い香りが揺れた。


甑島三島縦断の旅は、まさにカノコユリ満喫の旅であったが、この花は古くから島民の暮らしとともにあった。球根は飢饉《ききん》の時には人々の貴重な糧となったし、明治時代には観賞用の輸出ユリとして出荷、島民の収入源ともなった。現在は自生地保護のため、島の人々は草刈りなどの手入れを怠らないと聞く。美しい自然の中にあってこそ一層魅力を増す自生種の花。カノコユリの咲く風景がいつまでも失われることのないようにと願われる。

草原の中のカノコユリ

武家屋敷跡通り

日韓文化交流の場に爽やかに咲く

大阪・枚方

ムクゲ

あまり知られていないが、大阪府枚方市にムクゲの名所がある。府の指定史跡「伝王仁《わに》墓」（王仁塚）である。王仁は『古事記』『日本書紀』によると、4世紀末に応神天皇に招かれて朝鮮半島百済《くだら》から「論語」と「千字文」を携えて渡来し、日本に儒教と漢字を初めて伝えたという人物。王仁塚はその墓とされている。日韓文化交流の先駆者である王仁を偲《しの》んで、地元の有志が40年ほど前に韓国の国花ムクゲを参道に植えたのに始まり、以来守り継がれて7月から10月初めまで敷地内に200本余りのムクゲが咲き誇る。

王仁塚はJR学研都市線の長尾駅で下車し、徒歩で15分ほど。静かな住宅地の一角にある。まず目に入るのは、韓国風の朱や緑の色彩鮮やかな百済門。韓国にある王仁廟《びょう》に倣ったもので、2006年に韓国から寄贈された。王仁塚が異国の地で地元の人々

王仁塚に建つ韓国風の百済門

の手によって大切に保護されていることへの感謝のしるしという。門をくぐると、正面奥に玉垣に囲まれた「博士王仁之墓」と刻まれた墓碑。左手には朱塗りの柱と屋根の形が特徴的な休憩所もある。コロナ禍以前は韓国からの観光や修学旅行で訪れる人も多く、日韓友好の場ともなっていた。周囲には白、薄紫、底紅、また八重咲きのものなど、さまざまなムクゲの花が美しく咲き競い、初秋の風に爽やかに揺れている。

ムクゲは韓国では無窮花（ムグンファ）と呼ばれている。一つの花は一日花であるが、毎朝新しい花を開いて夏から初秋まで3カ月以上も次々と咲き続けることからきている。

ムクゲに寄せる韓国の人々の思いは特別のものがある。朝鮮半島は幾度も他国からの侵略を受けた歴史を持つが、これに耐えて独自の文化を守り続けてきた。この根気強い民族性と、ムクゲの暑さにも害虫にも耐えて長い期間絶えず花を咲かせ続ける生命力の強さとは、相通ずるものがある。第二次大戦後に国花となったのも頷《うなず》けるようだ。

ムクゲは、日本へは平安時代には伝来していた。和名のムクゲは韓国名ムグンファの音便とも、漢名木槿の日本語読みモクキンが転じたものともいわれている。

「道のべの木槿は馬にくはれけり」という松尾芭蕉の有名な句があるが、ムクゲは古くから垣根に利用されたり、屋敷まわりに植えられたりする身近な花であった。一方で、茶の湯の文化にとけ込み、風炉の季節を代表する茶花ともなった。朝の茶事で露を含んだ咲いたばかりの一輪のムクゲの清新さに勝る花はない。「槿花一朝」、朝開いて夕方にはもうしぼんで落花するという短命の花であるからか、どこか凜《りん》とした趣を感じさせる。一朝を一期と命を燃やす花の姿は、一期一会の茶の心にも通う。利休の孫千宗旦が愛《め》でたという底紅白花のムクゲは、今日も「宗旦ムクゲ」の名で伝えられている。

こうしてみると、一つ一つの花のはかなさに心を寄せた日本人と、木全体の花期の長さに目を向けた韓国の人々と、同じムクゲの花を見るにも民族によって違いがあるのは興味深く思われる。

宗旦ムクゲ

休憩所の傍らに咲くムクゲ

気品ある薄紫　古都に彩り

奈良・橿原

ホテイアオイ

奈良県橿原市の本薬師《もと》寺跡にホテイアオイの花が群生していると聞いて出かけたのは、９月上旬であった。

ホテイアオイは南アメリカ原産で、明治時代に渡来したとされ、膨らんだ葉柄が七福神の布袋の腹を思わせるところが和名の由来である。薄紫色の優美な花姿に似ず、恐るべき繁殖力を持つ逞《たくま》しい植物であり、50日で1株から千株に増えるという。あっという間に水面を覆い尽くすため、水中の日照不足と酸欠を招き、生態系の破壊につながるとして、厄介者扱いされることも多い。

岡山県内の例では、児島湖の水面に大繁茂したことがあった。一時期、流入する河川の汚染が進み、水質が富栄養化したことが原因である。舟の航行の阻害や締切堤防開門時のホテイアオイの流出による漁網の損傷などの被害が出て、除去に大変だったようだ。

ホテイアオイの花越しに本薬師寺東塔跡を望む

こうした生態をうまく生かし、観光資源としたのが奈良県橿原市。本薬師寺跡周辺の休耕田を利用して水を張り、地元の人たちに小学生も協力して毎年6月にホテイアオイを植え付けている。それが夏から初秋にかけての開花期には、みごとな景観を作り出すのである。

本薬師寺跡へは近鉄橿原線畝傍御陵前駅から東へ徒歩で10分ほど。本薬師寺とは、平城宮遷都に伴って現在の西の京へ移築された薬師寺の前身という意味であり、藤原京の薬師寺ともいわれる。7世紀、天武天皇が皇后（後の持統天皇）の病気平癒を祈願して藤原京に建立を請願したものである。今は、金堂、東塔、西塔の三基壇が遺存している。礎石が露出した金堂跡から見渡すと、あたり一面薄紫色の花に埋め尽くされ、その中に東塔と西塔の跡が盛り上がっている。花群の間の畦《あぜ》道を歩けば、西方に端正な畝傍山が望める。近くで見る花は光を透かして清楚《せいそ》で気品がある。

歩きながら疑問に思ったのは、花がどの方向から見ても私の方を向いていること。なぜかとよく観察してみると、一本の茎に付いたたくさんの花があらゆる方向に向いているからであった。しかもこの花は一日花で、夜には水中に花茎を沈めて姿を消し、毎朝新しい花を開くので、訪ねる人をいつも新しい花が正面から迎えてくれるのである。

本薬師寺からさらに北東へ、飛鳥川を渡って進んで行くと藤原宮の朝堂院南門の復元列柱が見えてくる。そこからはるか向こうには大極殿南門跡が望見できる。藤原京は天武天皇の遺志を継いだ持統天皇が造営した日本史上初めての首都であり、藤原宮はその中心施設である。畝傍、耳成、天香久山の大和三山に囲まれた広大な跡地に立つと、ふと古代の人々の息づかいに触れたような気がした。

本薬師寺の夢のようなホテイアオイの花の海の余韻が、一層その感を強くさせたのかもしれない。

満開のホテイアオイ

藤原宮跡　後方に耳成山

自然が生み出す豊かな色

徳島・吉野川流域

アイ

「ジャパンブルー」ともいわれる爽やかな藍染めの色は、日本を代表する色といってもよい。その藍染めの原料となるのはタデ科のアイで、葉に藍色の色素成分を含んでいる。

アイは秋になると草丈をぐんと伸ばし、細長い花穂を抜いて弧を描くように白から紅の小花を群開させる。たおやかな花茎は微《かす》かな風にも揺れて、いかにも優しい風情がある。

藍染めの染め液には、乾燥したアイの葉を発酵させて作った「蒅《すくも》」という染色原料を使う。徳島県北東部の吉野川流域はこの蒅作りが盛んで、品質の良さから「阿波藍」として江戸時代から名声を博していた。

この一帯はかつて暴れ川といわれた吉野川の氾濫原で、毎年台風が来るたびに洪水に見舞われていた。そのため稲作は困難であったがアイは台風以前に収

アイの畑と武知家住宅

穫できる上、洪水が運んでくる肥沃《ひよく》な客土で連作も可能であり、アイ栽培に適していた。江戸時代に徳島藩が保護奨励に努めたため、この地は一大生産地となり、明治30年代半ばのピーク時には作付面積、生産量とも全国の過半数を占めるほどになった。

しかし明治後期になると、安価な輸入品や合成染料の進出によって、阿波藍の産地は衰退の一途をたどり、今日伝統を守って蒅作りを続けているのは徳島県で数軒となっている。

蒅作りは9月から10月に始まる。夏に刈り取って天日干しした葉を「寝床」と呼ばれる蔵へ取りこみ、水を打ちながら発酵と攪拌《かくはん》を20回ほども繰り返すと、約100日後に土のようになった蒅ができ上がる。

今年もそろそろ蒅作りの時期が来たと聞き、9月下旬に久しぶりに徳島へ出かけた。徳島駅からまず向かったのは、吉野川北岸の藍住町にある歴史館「藍の館」。江戸時代に藩が藍の専売制を敷いた時、買入れと専売の特権を与えられた藍商の一人、奥村家の屋敷をそのまま資料館として公開したものである。母屋をはじめ土蔵や寝床など計13棟が往時の隆盛を物語る。ここでは、藍の歴史や栽培加工に関する貴重な資料が展示されており、藍染め体験もできる。

　吉野川流域には他にも藍商の屋敷が残っており、南岸の石井町では国指定重要文化財の田中家、武知家の2つの豪壮な屋敷を見ることができる。どちらも地元産の青石を高く積んだ石垣の上に建てられていて、当時の洪水の脅威がうかがえる。

　武知家では現在も蒅作りが続けられており、ちょうど庭に刈り取ったアイの葉を広げて干しているところだった。非公開なので入ることはできなかったが、寝床に乾いたアイの葉が山と積まれているのが門の外から見えた。

　3月のアイの種まきから始まって、蒅の完成まで1年近くに及ぶ作業は人の手によるところが大きく、大抵ではない。後継者の問題もあるが、何とか伝統の技術を伝えていってほしいものである。自然のいのちが生み出す豊かで奥深い色、どこか温《ぬく》もりを感じさせる色に人は引きつけられずにはいられない。

アイの花

武知家の寝床

安らぎ感じる紫の絨毯

鳥取・福部

ラッキョウ

ゆるやかな起伏のある砂丘が、見渡す限り紫色に煙っている。どこまでも続く紫の絨毯《じゅうたん》の間を登っていくと、遠くには海鳴りの響く真っ青な日本海。この色彩のコントラストも美しい壮大な花畑は、鳥取砂丘の東に広がる鳥取市福部町のラッキョウ畑である。毎年10月下旬から11月の初め、可憐《かれん》な花が満開を迎える。

私が初めて訪れたのは、もう30年以上前になろうか。この絶景に魅了されて、以来何度か足を運んでいるが、いつ来ても時を忘れるような安らぎを感じている。

ラッキョウの原産地は中国で、浙江省などで野生種も認められているという。漢名は薤。平安時代の辞書『和名抄』に「薤…和名於保美良《おほみら》」とみえているから、この頃にはわが国に渡来していたようである。於保美良は、古美良《こみら》と呼ばれたニラと区別したた

紫色に煙るラッキョウ畑

ものであろう。同時代の『延喜式』には「薤白」とあり、当時は薬料として利用されていた。

江戸時代には、らっきょうという呼び名が通称となっていたが、それは辣韮《らっきゅう》（味が辛辣《しんらつ》なニラ）の音読みから転化したものという説がある。ラッキョウは食用としても重宝され、栽培が広まっていった。

宮崎安貞は元禄期の農書『農業全書』の中で、その栽培法を記すとともに、「功能ある物にて人を補ひ温め、又は学問する人つねに是を食すれば神に通じ、魂魄を安ずる物なり」と述べている。学問をする人にとっては、真理に近づき精神安定作用があるというのだ。現代も健康食品として人気の高いラッキョウだが、江戸時代にこのような評価を受けていたのは面白い。

福部町のラッキョウ栽培も江戸時代にさかのぼる。言い伝えでは、参勤交代の時に小石川薬園で入手し持ち帰ったのが始まりだとか。ラッキョウは低温や暑さにも強く、排水のよい砂地に適していることから、砂丘という立地を生かした作物といえる。栽培は大正時代から本格化し、現在は栽培面積約120ヘクタール、鳥取県は生産量日本一を誇っている。ラッキョウの植え付けは7月末から9月上旬にかけて。酷暑の中、一球ずつ手作業で植え付ける。傷がつきやすいため機械化は難しいそうだ。夏が過ぎ、気温が下がり始めるとラッキョウは細い葉の間から花茎をすっくと伸ばし、先端に線香花火のような花を開く。

花が終わると、冬の寒風や雪にも耐えて、春暖とともに地中の鱗茎《りんけい》を分球、肥大化していく。これを収穫できるのは、葉が枯れて休眠期に入る5月末から6月初め。「砂丘の真珠」ともいわれる福部ラッキョウが市場に出て行くことになる。

福部町では、例年10月下旬にラッキョウの開花時期に合わせて「鳥取砂丘らっきょう花マラソン大会」が開催されている。一面紫色の花に彩られたラッキョウ畑の周辺を、日本海の風を感じながら走るという魅力的なコース。いつか、秋の一日を爽やかに駆け抜けてみたいものである。

真っ青な日本海を望む

ラッキョウの花

神域に自生　暗がりに赤い実

兵庫・赤穂

センリョウ

12月中旬になると、全国の花の卸売市場で千両市が開催される。正月用のセンリョウ1品目だけの競りが行われる、年に1度の特別な市である。昨年、岡山中央卸売市場の千両市へ取材に出かけたが、千葉県をはじめ各地から集まった大量のセンリョウと、独特の熱気に圧倒された。

センリョウが正月用の花材として用いられるようになったのは、室町時代後期からのようである。色彩の乏しい季節を彩る常緑の葉と、艶やかな赤い実は新年を祝うにふさわしい。後に、同じように赤い実をつけるマンリョウとともに「千両」「万両」の字が当てられて、縁起物として一層喜ばれるようになった。時に両者の見分け方を聞かれるが、実が葉の上につくのがセンリョウ、下につくのがマンリョウである。

センリョウの実をよく見ると、頂上と脇腹に小さ

赤穂・生島に自生するセンリョウ

な黒点がついている。これは花の痕跡。花期は6～7月だが、花といっても花弁も蕚《がく》もなく、緑色のめしべとその脇から出る白っぽいおしべのみ。頂上の黒点はめしべの柱頭の部分、脇のはおしべが、それぞれ枯れ落ちた跡である。

センリョウは関東以西の暖地の樹林下に自生する。野生の状態を見たいと思っていたところ、折よく機会を与えられた。15年前の12月、赤穂市坂越《さこし》の大避《おおさけ》神社を訪ねた時のことである。この神社の祭神は秦《はたの》河勝《かわかつ》、天照皇大神、春日大神。三神のうち秦河勝は聖徳太子の片腕といわれた渡来人で、太子から授けられた半跏思惟像を安置するため太秦に広隆寺を建立したことでも知られる人物である。太子の没後、蘇我氏との戦いを避けて海路坂越の浦へ着き、この地の開拓に尽力したことから、土地の人々がその霊を祭ったのが始まりといわれる。

河勝の墓所は坂越湾沖に浮かぶ周囲1・6キロ余の生島《いきしま》にあると伝えられ、この島は大避神社の神域として樹木を切ることも、人が入ることも禁じられている。そのため、島内には手つかずの貴重な原生樹林が残り、大正13年には国の天然記念物に指定された。

　私は現役時代、兵庫県の大学で歴史研究をしており、河勝に関心を持っていたことから大避神社に参詣。本来立ち入り禁止のところを特別に島へ渡る許可を得て、12月27日に氏子の人たちが新年の準備に島へ注連縄の張り替えに行くのに同行させてもらうことになった。

生島の遠景

　河勝の墓所参拝とともに興味深かったのは、原生樹林下に群生すると聞いていた自生のセンリョウだった。島へ上陸すると、うっそうたる常緑の木々。老巨木が倒れたままで朽ち果てており、その脇では若木が育っているという、新旧の木が入れ替わる循環も目の当たりにした。

　墓所への参道を行くと、大木に覆われた隙間に見え隠れするたくさんのセンリョウの赤い実。光沢のある葉も生い茂っている。丈は1㍍前後のものが多く、枝分かれするもの、株元から芽吹くものもある。昼間でありながら撮影にフラッシュが必要なほど薄暗い不思議な空間であった。

　年迎えの作業を終えた人たちの舟に再び便乗して坂越の浦へ戻り、今度は大避神社の裏の山へ登る。眼下に先ほど歩いた伝説の島が、歳晩の静かな湾に神秘的な姿を見せていた。

冬に満開　日本一早い花見

沖縄・本部
カンヒザクラ

「日本で一番早く咲くサクラの花見に行こう」と友人夫妻に誘われ、妻を伴って4人で沖縄に出かけたのは2008年1月下旬のこと。出発の日は非常に寒く、朝起きると岡山県南では珍しい一

八重岳登山道に咲くカンヒザクラ

面の積雪にびっくり。雪道を心配する妻の言に従い、車を置いて岡山空港までタクシーで行くという想定外の旅の始まりであった。

　そんな厳寒の岡山から2時間、那覇空港へ降り立つとコートいらずの暖かさに「南国へ来た」と、心が浮き立つ。沖縄通の友人の案内で、まずは自動車道を一路北へ。沖縄県屈指のサクラの名所、本部《もとぶ》半島の八重岳《やえだけ》を目指した。

　沖縄のサクラといえば、1月から2月にかけて咲くカンヒザクラ（寒緋桜）である。ヒカンザクラ（緋寒桜）が本来の名称だが、別種のヒガンザクラ（彼岸桜）と紛らわしいのでカンヒザクラと呼ぶことが多いという。旧正月のころに開花するので、ガンジツザクラ（元日桜）ともいわれる。

濃紅色の花が下向きに咲き、見上げると花からのぞく長い雄しべも緋色で美しい。落花の時に、ソメイヨシノのように花びらが1枚ずつひらひら散るのでなく、花弁と雄しべが萼筒《がくとう》に付いたままで落ちるのも特徴である。

カンヒザクラは亜熱帯産で、原産地の台湾や中国南部から琉球へ渡来したものといわれる。本土へ伝わったものは、暖地の庭園などに植えられ、また、いろいろな交配種の親ともなっている。早咲き種として知られるカワヅザクラの片親もカンヒザクラである。

桜前線は、本土ではソメイヨシノの開花予想日を結んだ線のことで、日本列島を南から北上する。と

花のトンネル

ころが不思議なことに、沖縄のカンヒザクラの桜前線は逆に北から南下、また山地から平地へと降りていく。それはサクラの咲くメカニズムに関係しているそうで、サクラは夏に生まれた花芽が休眠から覚めて生長・開花するのに一定の寒さに当たる必要があり、それがカンヒザクラは10度台。北部、また高地の方がより早く気温が下がるため、より早く開花するというわけだ。ちなみに、目覚めに5度くらいの低温を要するソメイヨシノは、沖縄では気温が高すぎて生育が難しいという。

カンヒザクラの花

　北部に位置する八重岳は標高453㍍の本島2番目に高い山。カンヒザクラは県内最初にこの山頂から咲き始める。つまり、日本一早いサクラの開花である。

　これまた友人お勧めの八重岳登山口のそば屋でおいしい沖縄そばを食べた後、いよいよ花見へ。約4㌔に及ぶ登山道両側に植えられたカンヒザクラの並木は山頂まで続く。その数約7千本とか。たわわに咲き誇る花のトンネルをくぐりながら車で頂上近くまで行けるのは何とも贅沢《ぜいたく》である。途中で時々駐車して満開の花の下を散策すると、木によって花色が濃紅から淡紅まであることに気づく。ほとんどを実《み》生《しょう》で増やしているということなので、多様なものが出るのだ。

　遠くを見やると、山肌全体がピンクに染まっている。それを際立たせているのは背景の濃緑の木々、ことに大きな羽根を広げるヘゴシダが同時に見られるのは南国ならではである。

　本土の花見の風情とはまた一味違う、明るく色彩鮮やかな沖縄の花見を4人で満喫した真冬の一日であった。

極寒の海岸　白い大群落

福井・越前海岸
スイセン

2月の福井県越前海岸を訪ねたことがある。淡路島、房総半島と並ぶニホンスイセンの三大群生地の一つで、越前岬周辺約70ヘクタールに清楚《せいそ》な白い花が咲き満ちる。それは「越前水仙」の名で知られ、特に香りが強いのが特徴という。極寒の北陸海岸部に群生するのは不思議なようだが、日本海を北上する対馬暖流の影響で比較的気候温暖なのである。

大小の岩に波がくだける海沿いの国道を走ると、山側の斜面を次々とスイセンの花群がよぎって行く。高台にある越前岬水仙ランドに上り、真っ青な日本海と白い灯台を見下ろす広いスイセン畑の散策を堪能したが、実はこれは序の口。さらなる感動はここから北へ進んだ梨子ケ平《なしがだいら》地域にあった。海に迫る急《きゅう》峻《しゅん》な断崖の、斜面を覆いつくすスイセンの大群落。見渡すかぎりのスイセンが海光を受けて輝いている。その中に立つと、潮風が運んでくる花の清浄な香りに

日本海を望む「越前水仙」の群落

体中包まれる。この絶景をトビが1羽、白い斜面に影を映して飛んでいった。

梨子ケ平の集落には古くから山頂に向かって棚田が開かれていたが、そのほとんどはスイセン栽培に転作されており、満開の今、千枚田が白い幾何学模様をなしているのも珍しい景観であった。戦後間もない頃までは、女たちが早朝から山のスイセンを切って菰《こも》に包み、それを担いで武生や敦賀の町まで売りに歩いたという。水上勉の短編小説『水仙』に描かれたような貧しい山村の暮らしが、かつてはあったのだろうか。

スイセンは日本的な風情の花であるが、古くから日本にあったわけではない。文献に初見されるのは室町時代の国語辞書『下学集』で、「水仙華…日本ノ俗名ヲ雪中華トイフ也」とみえている。スイセンは漢名「水仙」の音読みであり、室町期までに中国から渡来していて寒中に咲く花として珍重されたようである。

江戸時代になると広く植えられるようになり、『古今要覧稿』には「水仙は梅や椿《つばき》とともに厳冬に花を開き、香りも梅に劣らない。庭に植えたり、挿花にしたり、立派な御殿に咲き匂うのは他の花の及ばないところ」と称賛されている。

中国での「水仙」の名の由来は、仙境の清らかさを持つことによるとされる。気品ある姿と香りが愛され、古来多くの詩文にも詠まれているが、中国のスイセンもシルクロードを経て原産地の地中海沿岸地方から伝わったものである。唐代の随筆『酉陽雑俎《ゆうようざっそ》』に「捺祇《ないぎ》、払林国ニ出ズ」とみえており、捺祇（水仙の古名）が払林国（東ローマ帝国）方面からの渡来植物であることが示唆されている。

ニホンスイセンの花

中国から日本への渡来については、人手によって運ばれたとも、暖流にのって球根が流れ着いたともいわれ、定かでない。ただ、越前海岸には「越前水仙」発祥について、球根漂着説を裏付けるような興味深い伝説が残っている。平安末期、海岸で溺れかけていた美しい娘を助けた兄弟が、やがて娘をめぐって争うこととなり、これを悲しんだ娘は荒海へ身を投じた。すると翌年、スイセンがその海岸に流れ着いたという。

いずれにせよ、生まれ故郷を遠く離れたスイセンは日本でふるさとに似た住処《すみか》を見つけて野生化し、ニホンスイセンと呼ばれてすっかり日本の花となっている。その遥《はる》かな旅を思うと、感慨深いものがある。

甘美な匂い　郷愁の象徴

中国・大連

アカシア

　ずっと以前に清岡卓行の『アカシアの大連』を読んで以来、私は5月の大連に憧れ続けていた。日本統治時代の大連に生まれ育った作者は、この自伝的小説で大連への限りない郷愁の象徴として、アカシアの花を詩情豊かに描いている。

　例えば、一斉に花開いた並木のアカシアの香りについて「町全体に、あの悩ましく甘美な匂い、あの、純潔のうちに疼《うず》く欲望のような、あるいは、逸楽のうちに回想される清らかな夢のような、どこかしら寂しげな匂いが、いっぱいに溢《あふ》れたのであった。」とつづる。こんな風景に会いたいとの思いがようやく実現して、数年前の5月、大連の旅に出たのだった。

　一般にアカシアと呼び習わされているのは、正しくはニセアカシア、別名ハリエンジュで、本物のアカシアは別種である。原産地は北米東部。ふさふさと垂れて咲くフジのような白い花が美しい上に、土

槐花大道のアカシア並木

質を選ばず成長が速いので、新しく開拓された町の街路や公園、鉄道の沿線などによく植えられる。ヨーロッパに17世紀に伝わり、日本へは明治の初めに渡来した。

大連のアカシアは、帝政ロシアが19世紀末に清国から租借権を得て、大規模な港湾都市の建設に着手した時に植えられたとも、日露戦争後にロシアに取って代わった日本が植えたともいわれている。

大連に到着した夜、ホテルの前の労働公園でちょうど「アカシア祭り」がにぎやかに行われていた。アカシアを友好と観光のシンボルとして毎年花の時期に1週間催される。水上の舞台で華やかな演技が繰り広げられ、この季節は特別との印象を強くした。

この町はまさに「アカシアの大連」であった。公園や街路に多いだけでなく、遠望する山肌も満開の野生のアカシアの花で白く盛り上がって見える。空気の中に花の香りが溶け込んでいるような感覚を覚えた。

街路樹では「槐花大道（アカシア通り）」が特に見事だった。1キロに及ぶ街路の両側に樹齢100年ともいわれる見上げるようなアカシアの並木が続き、白い花房を揺らしている。枝越しに見えるロシア風のレンガ造りの建物にも、この町の歴史が感じられた。

驚いたのは、アカシアの咲く山沿いの道を走っていた時。その花を籠に摘み取っている女性2人を見かけたので尋ねてみると、天ぷらにしたり、「槐花餅」を作ったりするという。香りが良くて美味なので、古くから食用されているとか。

ピンクのアカシアの花

大連郊外の野生のアカシア

旅の終わりの一日は大連から一路西へ。日露戦跡の旅順へ向かう。道中では、初めて見る濃いピンクのアカシアに出会った。咲き満ちるおびただしい数の花房の、何と艶《あで》やかであったことか。激戦地の二〇三高地などを巡った帰途、「ここのアカシアも素晴らしい」と聞いていた大連理工大学に立ち寄った。

静かで広大なキャンパスは豊かな緑に覆われ、心洗われるようだった。たくさんのアカシアが甘くやわらかな香りを辺りに漂わせている。時折の強い風に白いチョウのような花が舞い、芝生で本を読んだり、語り合う学生たちへ、はらはらと降りかかった。そんな光景に、ふいに遠い日の自分の学生時代が想起された。アカシアの花には、青春へのノスタルジーを感じさせる何かがあるのかもしれない。

釈迦が樹下に悟りを開く

インド・ブッダガヤ
ボダイジュ

岡山市北区日近の安養寺。臨済宗の開祖栄西禅師が少年時代を過ごした寺として知られ、境内には栄西が留学先の宋の天台山から種子を持ち帰って手植えしたと伝わるボダイジュがある。何十年か前に枯れかかったが、切り株から数本の若芽が伸び出して成長し、今は僧坊の屋根を越して大きく天に向かって伸び広がっている。

6月初旬には、葉脈からぶら下がった鈴のような蕾《つぼみ》が開いて、小さな淡黄色の花が次々に咲き、辺りはその濃厚な芳香に包まれる。栄西以降、日本各地の寺院に植えられるようになったボダイジュは、この時期同じように花の季節を迎えていることだろう。

ボダイジュの名は、中国名「菩提樹」によるが、「菩提」は悟りを意味するサンスクリット語「ボーディ」を漢字表記したもので、釈迦《しゃか》がこの樹《き》の下で悟りを開いたことに由来する。

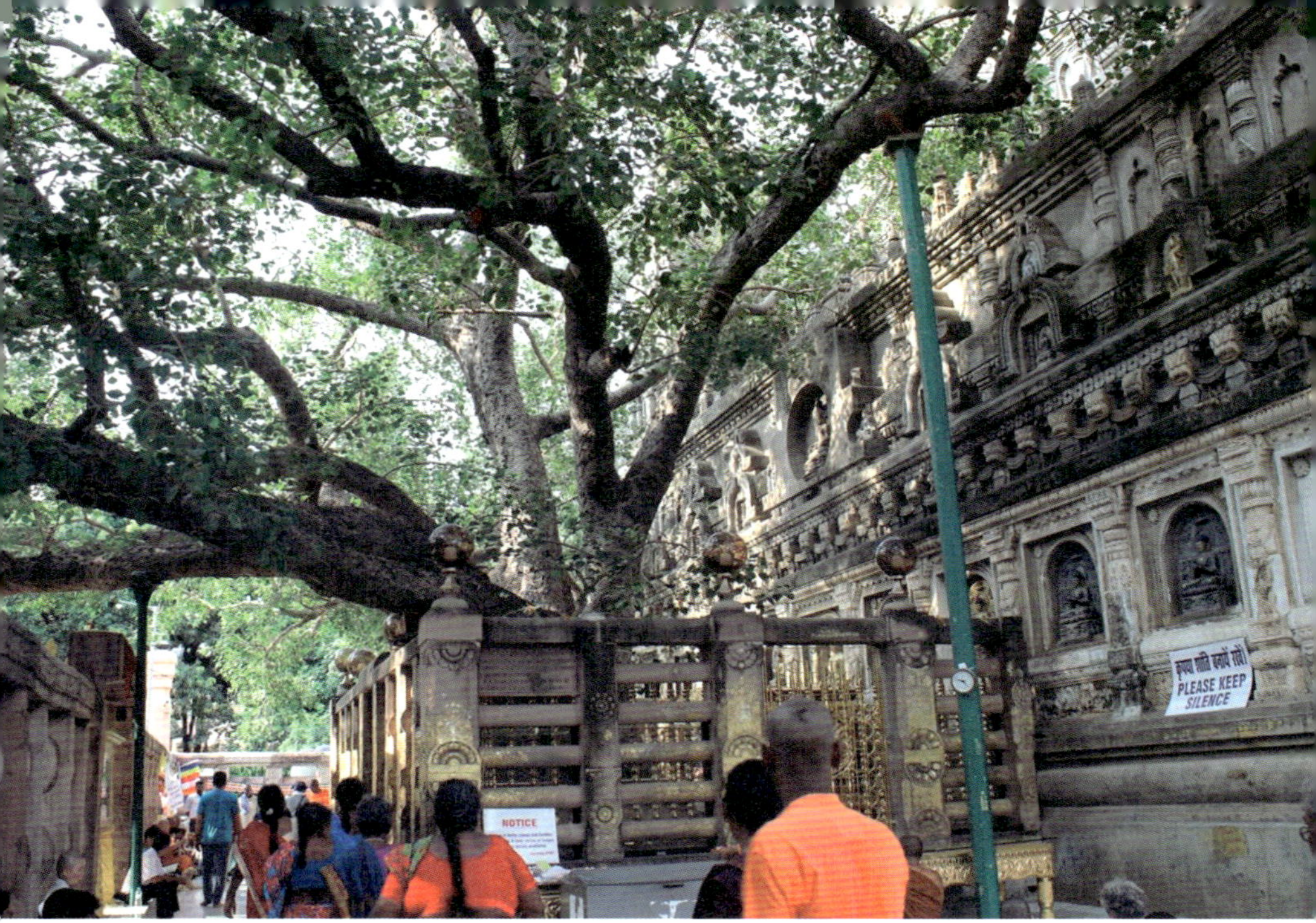

マハーボーディ寺院のインドボダイジュ

しかし、本当は釈迦の「ボーディの樹」はクワ科イチジク属の熱帯高木インドボダイジュで、花もイチジクと同じように小さな花嚢《かのう》の中に咲くため外からは見えない。中国や日本でボダイジュと呼んでいるのはシナノキ科シナノキ属であり、全く別種である。インドボダイジュは寒さに弱く、温帯では育たないため、葉の形が似ている中国原産のシナノキがボダイジュとして古来代用されてきたのである。

数年前の夏、インドの旅に出た私は、仏跡を訪ねてまず北東部の仏教最高の聖地ブッダガヤに向かった。

29歳で出家した釈迦は、前正覚山で6年間の苦行をしていたが、ある日ナイランジャー川で沐浴する姿を見た村の娘スジャータがあまりにも痩せ衰えた釈迦に驚き、乳粥《かゆ》を差し出した。これによって心身を回復した釈迦は川を渡って大きなインドボダイジュの下で瞑想《めいそう》を行い、ついに悟りの境地に達して35歳で仏陀《ぶっだ》になったとされる。

この成道の地がブッダガヤで、そこにはマハーボーディ寺院（大菩提寺）があり、側にはボーディの樹、インドボダイジュがあるという。ぜひ行ってみたいと思った。

マハーボーディ寺院は煉瓦《れんが》を積み上げた52㍍の高さの大塔で、はるか遠くからもその姿が望める。紀元前3世紀、仏教に帰依したアショカ王がここに仏塔を建てたことに始まり、その後改修を重ねて現在の姿になったといわれる。

裸足《はだし》になって正面から大塔内に入り、香煙に包まれた黄金の仏陀像を拝んだ後、塔の裏側にまわると、そこに巨大な羽根を広げたようなインドボダイジュがあった。釈迦が座して瞑想した株元は石柱に囲まれ、中に金剛宝座が置かれている。世界各地から訪れた大勢の巡礼者や僧たちが、その前でそれぞれに祈りをささげていた。

近づいて見ると、インドボダイジュの葉柄はしなやかに長く、その先についた濃緑のハート形の葉にも細い尾が伸びていて、わずかの風にもそよぎ止《や》まない。そして、葉擦れのさわさわという心地よい葉音には、むしろ不思議な静けさが感じられた。人を安らかに包み込み、生気を与えるような涼しい木陰に立つと、釈迦が悟りを開いたのはこの樹の下でこそ、との思いを強くしたのだった。

安養寺のボダイジュの花

インドボダイジュの葉

幸福を約束する小さな花

フィリピン・マニラ
マツリカ

　私がマツリカの花に初めて出会ったのは半世紀以上も前の夏。訪欧の船旅の途中に寄港したエジプトのポートサイドで下船した時だった。夕闇の中を何ともいえない香気が漂ってきたのである。それは船客目当ての花売りの子どもたちが持つ、白い小さな花束から来ているのだった。1束求めて持ち帰ると、狭い船室中に芳香が充満し、半月余りの長旅の疲れが癒やされる気がした。

　この花が夜に咲くマツリカであるとわかったのは帰国後のこと。原産地は熱帯アジアであり、英名アラビアン・ジャスミンは中東経由でヨーロッパに伝わったためであろう。漢名は茉莉花。和名マツリカはその音読みによっている。

　マツリカに魅せられた私は、その後鉢植えを手に入れ、毎年夏の夜を楽しむようになった。緑の葉の間から開いた白い単弁の小さな花が放つ、甘く濃厚

マニラ郊外のサンパギータ畑

な香りの何と魅惑的なことか。

やがて私はフィリピンへ行きたいとの思いを強くした。国花がマツリカであり、この花が生活に深く根ざして、人々に親しまれていることを知ったからである。1995年8月、マニラへ出発。花の取材を目的として海外へ出た最初の旅であった。

フィリピンではこの花をサンパギータ（永遠の愛を誓うという意味）と呼んでいる。それは悲しい伝説に由来するとか。昔、隣り合う部族の青年と娘が恋人同士になったが、二つの部族に戦争が起き、青年は命を落としてしまった。悲嘆にくれる娘も後を追うように病死し、2人は集落の境に埋葬された。するとそこに可憐《かれん》な白い花が咲き、風が吹くと「サンパギータ」という女性の声が聞こえたという。

敬虔《けいけん》なカトリック信者の多いこの国では、サンパギータの白い蕾《つぼみ》をつないだ小さな花輪が礼拝に欠かせない。日曜日の教会に出かけてみると、入り口でこの香りのよい花輪をいっぱい持って売っている大勢の女性や子どもたちに会った。礼拝後、人々は次々に花輪を買って帰って行く。家の祭壇の聖像に掛けて祈るためだという。

サンパギータはマニラ郊外で栽培されている。背丈よりやや低目に仕立てられた畑で作業していた女性の話では、毎日早朝から花輪用の丸い蕾を摘んでいるのだという。

近くの家の庭先では、木机を囲んで家族でサンパギータの花輪を作っていた。植物繊維の糸に、真珠のような蕾を一つずつ、手際よく通していく。見ている間にどんどん花輪が出来上がっていった。この花は幸福を約束すると地元では言われているそうだ。

花輪を作る家族

今、私の庭には八重咲きのマツリカの鉢も仲間入りしている。10年前の8月に行ったハワイのホテルにたくさん植栽されていたのを、一枝もらって挿し木したものである。偶然宿泊したこのホテルは、ハワイ王朝最後の王女が住んでいた所であった。彼女はマツリカ（ハワイ語でピカケ）を好み、ことに八重咲きのピカケを愛したという。

深く心を寄せていると、こんな思いがけない出会いもあるもの。マツリカには何か不思議な縁を感じるのである。

マツリカの花

砂漠に林立　不思議な姿

南アフリカ
アロエ

「南アフリカに行く」と言ったら、「えーそんな遠い所へ…」と一様に驚かれた。確かに遠かった。成田を出て香港、ヨハネスブルクと乗り継いで、テーブルマウンテンの麓の街ケ

林立するアロエ・ディコトマ

ープタウン到着まで約24時間。この長い行程を出かけたのは、花の宝庫と称されるこの国の花々に会いたかったからである。

私が訪ねた9月は、南半球では春。ケープタウン周辺は地中海性気候で、特有の冬の恵みの雨で植物が一時に芽吹く。小高い丘から見下ろすと、海岸線に向かってピンク、黄、薄紫、白など種々の花模様が海まで続いていた。ここではマツバギクなどの群落を多く見かけたが、他にも私たちに馴染《なじ》み深い花で南アフリカ原産のものは枚挙にいとまがない。例えばフリージア、ゼラニウム、カラー、ガーベラ、グラジオラス等々。その意味では南アフリカは遠くても身近な国といってよい。実際、この旅ではこれらの花々の原種の数々を見ることができた。

通称「医者いらず」として、どこの家でもよく栽培されているキダチアロエも南アフリカ原産である。胃腸の不調、火傷《やけど》、虫刺されなどに効くとされ、利用している人も多いことだろう。

キダチアロエはすでに江戸時代には薬用として渡来しており、蘆薈《ろかい》と呼ばれていた。『大和本草』には「其味苦くして……苦きゆえに虫をころす」とみえており、虫下しに使われていたようだ。冬に咲く朱色の花も観賞価値があり、伊豆や紀州白浜など暖地の海岸の観光名所にもなっている。

キダチアロエを含むアロエの仲間は400余種ともいわれるが、特に南アフリカに自生が集中してい

草むらの中のアロエ

る。南アフリカを代表する植物の一つであることは、通貨10セントコインにアロエがデザインされていることからもうかがえる。

　アロエは内陸部の乾燥地帯に多い。ケープタウンから内陸部へ移動していく途中、あちこちでいろいろなアロエを見かけた。アロエの仲間は冬咲きが多いのでほとんどは花の終わったものだったが、国道の傍らに鮮やかな朱の花が点々と咲くのを見つけた時はびっくりした。日本で「千代田錦」の名で園芸家の間で鉢植え栽培されている斑《ふ》入りの品種。それが当たり前に生えているのだ。

国道の傍らに咲く「千代田錦」

　南アフリカの旅で衝撃的だったのは、アロエ・ディコトマとの出会いである。それまでのアロエのイメージがすっかり覆されてしまった。そこはケープタウンから400㌔ほど北に位置するガンナボス。赤茶けた岩場がちの砂漠地帯である。この乾燥地一帯に、まるで樹木のように林立しているのがディコトマ。アロエの仲間では最も背の高い種で、高さ10㍍ほどにもなる。太く木質化した幹の上部は枝分かれして厚い葉が放射状に付いている。遠目には傘を広げたような不思議な姿である。極度に乾燥する過酷な夏を幹や枝葉に水を蓄えて耐え抜き、古いものでは200～300年もたっているという。

　冬には明るい黄色の花が一斉に開き、蜜を求めて嘴《くちばし》の長いサンバードがこのディコトマの森に集まるという地元の人の話。幻想的な世界がいのちに溢《あふ》れる季節、その光景を見に再訪できたらと夢見ている。

偶然出会えた幻の花

マレーシア

ラフレシア

1990年に大阪で開かれた「花の万博」。目玉の一つは世界最大の花、ラフレシアであった。直径約1メートルの赤茶けたグロテスクな花が樹脂で固められており、その巨大さに目を見張ったものである。

ラフレシアは東南アジアの熱帯雨林の限られた場所に自生する。最初に確認したのはイギリス東インド会社のトーマス・ラッフルズで、1818年、博物学者アーノルドらとともにスマトラ内陸部の探検調査をした際に森林の中で発見した。奇怪な姿である上に、強烈な悪臭を放つことから当初は「人喰《く》い花では」と気味悪がられたという。学名のラフレシア・アーノルディはこの2人の名にちなんでいる。

現在ラフレシア属は、アーノルディの他20種ほどが知られている。根も葉も茎もない完全寄生植物で、ブドウ科のつる植物に寄生し、宿主から全ての養分をもらって花を咲かせる。

ラフレシア・ケイティの花

花博の標本でしか見たことのなかった不思議な花ラフレシアの実物に、思いもかけず出会ったのは2011年11月、ボルネオ島北部マレーシア領のサバ州であった。サバ州にあるキナバル山はマレーシア最高峰の4000㍍級の山。自然公園として保護されている山麓一帯に熱帯雨林が広がる。旅の目的は、ランをはじめとする熱帯雨林特有の植物を見ることであった。

成田から6時間余でサバ州の州都コタキナバルに到着する。ホテルの東側の窓からはキナバル山がよく見えた。ごつごつした奇岩の並ぶ山頂が、天を突くようにそびえている。このホテルを起点に植物観察開始。着生ランや食虫植物のウツボカヅラ、シャクナゲなど数々の興味深い植物があった。観察中、午後になると気温が上がり、突然洪水のように激しい雨が降るスコールも体験した。

旅程の5日目だったか、キナバルの東山麓にあるポーリン温泉に出かけた時のこと。「近くの村にラフレシアが二つ咲いている」との驚きの情報が入った。温泉地らしい土産物屋が並ぶ道べりに「WELCOME　RAFFLESSIA　BLOOMING」の看板が立っている。ラフレシアはいつ咲くかわからず、咲いても数日で腐ってしまうので見ることが極めて難しい。そのため、咲いた時だけ看板を出すそうだ。

　そこから脇道に入ってしばらく行くと、にわか仕立ての料金所。お金を払って案内の子どもについて行くと、農家の庭の奥の薄暗い森の中にラフレシアはあった。一つはすでに黒くしぼんでいたが、もう一つはまぎれもなくあの花である。もっとも嗅いでみたが匂いはなく、大きさも80㌢くらいか。傍らには太いブドウのような木の根が露出していた。後で聞くと、これはラフレシア・ケイティという種で、大きさはアーノルディに次ぎ、悪臭はないということだった。

　とにかく現地に行ってみなければ、咲いているかどうかわからないという幻の花。偶然に見ることができたのは、運が良かったとしか言いようがない。

　花を見る旅は自然が相手。準備して出かけてもタイミングが合わずにがっかりすることもあり、一方で今回のラフレシアのような思わぬ幸運に恵まれることもある。こんな出会いを求めて、また旅に出たくなる私である。

マレーシア最高峰キナバル山の遠望

いたる所に自生 可憐な風情

イスラエル
シクラメン

花屋の店頭に華やかなシクラメンがたくさん並ぶようになると、いよいよ冬。クリスマスシーズン到来の感を強くする。今やシクラメンは冬の鉢花の代表といってもよい。

年々、色や姿の多様なものが出回っているが、これらほとんどの園芸品種の元になっているのはシクラメン・ペルシカムという原種である。地中海東部地域を中心に自生し、特にイスラエルには多いという。

一度その自生地を見たいという願いがかない、2014年、イスラエルを旅する機会を得た。

イスラエルは三つの宗教の聖地であり、政治的緊張の続く国でもあるが、一方で自生する植物2500種以上という野生の花の王国である。日本の四国ほどの面積でありながらこれほどの種があるのは、この国がヨーロッパ、アジア、アフリカの三大陸の接

北部海岸沿いの岩場に群生するシクラメン・ペルシカム

点にあり、それぞれの大陸系の植物が出合う所だからといわれる。南北に細長い国土を大きく分けると北半分は地中海性気候、南半分は砂漠気候であり、地中海性気候の地域では冬の雨の後、2月末からシクラメンをはじめとする花々が一斉に咲き出すのである。

ちょうどこの季節に合わせた1週間の花の旅。初めてシクラメン・ペルシカムを見たのはギルボア山であった。南部のネゲブ砂漠を抜けて死海を経由し、北東部のガリラヤ湖をめざして北上する途中である。山道を登って行くと、疎林下のそこここに白からピンクまで濃淡さまざまの花々。ことに岩陰に多く、群生は頂上付近まで続いていた。園芸種と違ってやや小型で花弁が細く、少しよじれている。近づくとほのかに甘い香りがした。

イスラエルの伝説では、ソロモン王がシクラメンを好んで王冠のデザインになるよう頼んだところ、シクラメンは嬉《うれ》しさと恥ずかしさで俯《うつむ》いて咲くようになったという。こんな話が頷《うなず》けるような、何とも可《か》憐《れん》で優しい風情の花である。

この後も行く先々で幾度となくシクラメンと出会ったが、意外だったのは真っ青な地中海の潮の香が届きそうな海岸部にも大群落が見られたことである。山地や林縁だけでなく、いたる所にある身近な花。さすがイスラエルの国花だと納得した。

可憐で優しい風情の花

シクラメン・ペルシカムは、18世紀になってイギリスに導入されてから交配育種が始まり、ヨーロッパ各地に広まっていった。19世紀になると大輪系の園芸品種も生まれている。

わが国への渡来は明治時代。その後大正期にかけて日本でも鉢花栽培が盛んになっていった。夏目漱石の日記や寺田寅彦の随筆などの記述からは、当時シクラメンが贈答用の花だったことがうかがえる。

冬の鉢花として大量に生産されるようになるのは昭和30年代後半から。高度経済成長期、人々の生活の安定とともに花の需要が拡大したためである。また、流行歌「シクラメンのかほり」もこの花の人気に一役買ったと思われる。

自生地では早春に咲くシクラメンが11月末から市場に出るのは、温室で細心の温度管理がされているから。丹精のいろいろなシクラメンから好きなものを選んで部屋に飾り、クリスマスの夜を静かに過ごすのもまたよしである。

（現在のイスラエルの事態は、日々悲痛な思いで聞くばかり。一日も早い停戦を祈ることしかできない。）

樹上に着生　華麗な楽園

グアテマラ

カトレア

「洋ランの女王」と呼ばれるカトレア。この豪華で美しい花を自分で咲かせてみたいとは、花好きなら誰しも思うところ。しかし、カトレアを育てるのは難易度が高そうとの声をよく聞く。

私も栽培を始めた頃には失敗を重ねたもの。試行錯誤するうち、「自生地の環境に学ぶのが一番」と、カトレアの故郷の一つブラジルへの旅に思いを募らせた。ところが現地の知人からの情報では、乱獲と開発で野生のカトレアを見ることは不可能に近い、ということだった。

諦めきれずにいたところ、グアテマラでコーヒー農園のシェードツリーにカトレアが着生している場所があるとの話。個人の農園なので勝手に入れないため、野生の状態で残っているらしい。それを見学できるというので、1月のグアテマラ行きを決めたのだった。

グアテマラはメキシコの南に位置する中央アメリカの国。ティカル遺跡で有名な、マヤ文明の栄えたところである。多くの火山を有する山岳地帯はコーヒー栽培に適していることから、今は上質なコーヒー生産国としても知られる。

コーヒー農園の木々に着生したカトレア

私の訪ねたグアテマラ南部のコーヒー園は自然農法でコーヒーノキを育てており、牛や鶏が放し飼いされていた。園内は自然の森のようで、丈の高い木々がシェードツリーとなって、木漏れ日を好むコーヒーノキを保護している。その樹上に着生した無数の濃いピンクの花々。華麗な世界に思わず息をのんだ。まさにカトレアの楽園。ここで採れたコーヒーの味はまた格別であった。

カトレアは中南米の熱帯、亜熱帯の雲霧林に自生する着生ランであるが、その名はイギリスの園芸家ウイリアム・カトレイに由来する。１８１８年、ブラジルから届いた標本の梱包《こんぽう》材に使われていた植物をカトレイが育ててみると、見たこともない美しい花が咲いた。この功績を記念しての命名である。

　これ以降熱帯ランブームが起こり、新しい原種の発見に加えて次々に交配種が作出され、多様なカトレアが増えていった。

　カトレアの日本への渡来は明治初期で、横浜のイギリス商館の温室から始まった。新宿御苑の記録によると、明治18年に温室で数種のカトレアを育てていたという。文明開化の時代、外国人接待の場を飾る花として洋ランの出番が数多くあったのだろう。

　ガラス温室で育てる高価なカトレアは、富裕層のステータスシンボルであった。大阪の富豪加賀正太郎は大正期に京都府の大山崎山荘に温室を建て、カトレアをはじめとする洋ランの栽培を始めた。新宿御苑からラン栽培の名人を招くという熱の入れようだった。

カトレアの花

マヤ文明のティカル遺跡

　庶民には手の届かなかったカトレアは、その後、品種改良などによって温室がなくても栽培できるようになってきた。栽培のコツはいくつかあるが、最も注意する点は水と温度の管理。私は乾期のグアテマラを思い出しながら冬の開花中は水を控え、室内に取り込んでいる。昼間は窓辺のレースカーテン越しの光を、夜は窓から離してと、自分なりに手をかけて、きれいに咲いてくれた花たちに満悦しているのである。

地中海の日差し受け輝く

イタリア・シチリア島
アーモンド

栄養豊富で健康や美容に良い食品として人気の高いアーモンド。原産地はアジア西南部とされており、紀元前に古代文明発祥の地メソポタミアで始まった栽培は、ギリシャからローマへ、やがて地中海沿岸地域へと広がった。古くから貴重な食物であったことは、ギリシャ神話や旧約聖書にたびたび登場することからもうかがえる。

18世紀にカリフォルニアに伝わってから、現在はアメリカが主産国となっているが、スペイン、イタリアなどヨーロッパでの栽培は今に続いている。

日本での栽培は少ないため、身近にアーモンドの木を見る機会はあまりないが、春に白から淡紅色のモモによく似た花が咲く。花期はモモより少し早い。果実が熟すのは夏であるが、果肉は発達せず硬くて食べられない。食用部分は種子の中の仁。完熟した果実が裂開して殻に覆われた種子が露出すると、そ

神殿遺跡とアーモンドの大木

れを収穫する。

2005年3月下旬、南イタリアの旅に出た。目的の一つはイタリアの伝統的アーモンド産地であるシチリア島で満開のアーモンドの花を見ること。ただ、仕事の都合で花期に少し遅れての出発となり、間に合うかどうか心配ではあった。

シチリア島はイタリアの「長靴の先」の西、地中海のほぼ中央に位置する。古来、幾多の民族に支配されてきた複雑な歴史を持ち、古代ギリシャ、ローマからゲルマン、イスラム、ノルマン等々支配者が交代した。そのため、異文化が混じり合ったいろいろな文化遺産が残っている。

この旅でぜひ行きたかったのは、南西部の海沿いの町アグリジェント。紀元前5～6世紀ごろギリシャ人によって建設された古代都市の遺跡群「神殿の谷」で有名であるとともに、イタリア第一のアーモンドの名産地としても知られる。

アグリジェントをめざし、シチリア州都パレルモ

アーモンドの花

実を付けたばかりのアーモンド

から車で南下。車窓を流れる農村地帯の麦畑の明るい緑が心地よい。時々モモの花の華やかなピンクも通り過ぎる。銀緑のオリーブや大きなウチワサボテンをよく見かけたのは、乾燥した気候だからであろう。約2時間走ると小高い丘の上に建つ遺跡が見えてきた。

東西1・5キロに及ぶ遺跡群を歩いて行くと、最も目につくのはほぼ完全な形で残っているドーリア式の壮大なコンコルディア神殿。そこから南の方角にはコバルトブルーの地中海が広がる。天気の良い日には水平線の向こうにアフリカが見えるという。

遺跡の周辺にはたくさんのアーモンドの木があったが、やはり花は既に終わっており、みずみずしい葉の陰に小さな実が付いていた。少し気落ちしながら、「神殿の谷」の一番端にあるヘラ神殿までさらに歩く。すると、円柱だけが残る神殿の傍らに白い花をいっぱいに咲かせたアーモンドの大木が。まるで私を待っていてくれたかのようなその花は、地中海の日差しを受けて輝いていた。

「おそらく古代ギリシャの人々も、この地で海を背景に美しいアーモンドの花を眺めていたに違いない」。そんな想像を巡らすと、花を訪ねる旅は時空を超えた新たな旅への誘いであるようにも思えるのだった。

あとがき

「好きなものは」と問われると、迷わず「花と旅」と答えます。最も古い記憶が庭の梅の木の下で花びらを拾って遊んだこと、というほど私は物心ついた時から花が好きでした。折々の花を愛でること、育てることを喜びとし、長じて歴史学の道に進んだ後は、その延長として花と人間の関わりの歴史を探る「植物文化史」の研究へと発展しました。

「知らない世界を見たい」という青年らしい好奇心から出かけ始めた旅も、やはり行く先々でそこに咲く花々に自然と目が向いていたように思います。文化史の研究をするようになってからは、現地に足を運んで取材することが基本と考える中で、花に会うという旅の目的が明確化されてきました。定年退職後は遠出をする時間的余裕ができ、ライフワークとして楽しんでいましたが、思いがけないコロナ禍により、計画のいくつかを断念せざるを得ませんでした。

そんな時、山陽新聞社からこれまでの花々との出会いの旅について書いてみないか、とのお話をいただき、2021年9月から「花を旅して」と題して毎月一回の連載が始まりました。その月ごとに印象深かった花を取り上げて旅の思い出を綴っていくのは、楽しい仕事でした。最近の旅もあれば、はるか青年時代に遡る古い旅の話もあり、また訪問先も隣県から海外までと、様々なものになりました。1年7か月にわたる連載中、松田正己氏をはじめ、神辺英明氏、岡田智美氏に大変お世話になり感謝しています。

この度、こうして新聞紙上に発表してきたものを、吉備人出版から一冊の本にまとめて出版していただくことになり、嬉しく思っています。前半を国内篇、後半を海外篇とし、それぞれ季節を追って配列しました。

出版を快諾くださった山陽新聞社に深謝するとともに、本書の編集に携わり、色々な助言をくださった吉備人出版の山川隆之氏に厚く御礼申し上げます。

著者略歴

臼井英治（うすい・えいじ）

昭和13年岡山県玉野市生まれ。岡山大学法文学部卒業。兵庫教育大学大学院修了。岡山県立高校勤務を経て、甲南大学教授、親和女子大学非常勤講師、兵庫県立大学非常勤講師等。現在、山陽新聞カルチャープラザ「花の文化史」講座を担当。

著書　『岡山の和紙』、『岡山の作物文化誌』、『続・岡山の作物文化誌』、『続々・岡山の作物文化誌』（以上、日本文教出版社）、『植物文化史』（裳華房）、『ふるさと四季の花綴り』（山陽新聞社）

編著　『世界の教育事情―東アジア篇』（福武教育振興財団）、『特別活動のフロンティア』（晃洋書房）

共著　『岡山の歴史と文化』（福武書店）、『日本史教育に生きる感性と情緒』（教育出版）、『岡山市の地名』（岡山市）、『教職論』（ミネルバ書房）、『教科外教育の理論と実践Q＆A』（ミネルバ書房）ほか

花を旅して

2025年2月20日　発行

著者　臼井英治

発行　吉備人出版

〒700-0823 岡山市北区丸の内2丁目11-22

電話 086-235-3456　ファクス 086-234-3210

ウェブサイト www.kibito.co.jp

メール books@kibito.co.jp

印刷　株式会社三門印刷所

製本　株式会社岡山みどり製本

ISBN978-4-86069-760-0　C0095